Programa Ambiental
de Inspeção e Manutenção Veicular

Princípios, fundamentos e procedimentos de teste

CB007163

Blucher

Programa Ambiental
de Inspeção e Manutenção Veicular

Princípios, fundamentos e procedimentos de teste

GABRIEL MURGEL BRANCO
ALFRED SZWARC
FÁBIO CARDINALE BRANCO
Autores

**Associação Brasileira
de Engenharia Automotiva**

Programa Ambiental de Inspeção e Manutenção Veicular

©2012 *Gabriel Murgel Branco, Alfred Szwarc, Fábio Cardinale Branco*

Editora Edgard Blücher Ltda.

A AEA – Associação Brasileira de Engenharia Automotiva é uma entidade nacional que tem por objetivo disseminar informações e conhecimento e ser um foro de debates, apoiando desta forma o progresso técnico e científico na área da mobilidade. Esta publicação faz parte da série "Publitec AEA" de artigos, cadernos técnicos, livros e outras formas de comunicação, e foi elaborada com o propósito de contribuir para este processo. O conteúdo desta publicação é de exclusiva responsabilidade do(s) autor(es), não refletindo necessariamente a posição da AEA.

Blucher

Rua Pedroso Alvarenga, 1245, 4º andar
04531-012 – São Paulo – SP – Brasil
Tel.: 55 11 3078-5366
contato@blucher.com.br
www.blucher.com.br

Segundo o Novo Acordo Ortográfico, conforme 5. ed. do *Vocabulário Ortográfico da Língua Portuguesa*, Academia Brasileira de Letras, março de 2009

Ficha catalográfica

Branco, Gabriel Murgel
   Programa ambiental de inspeção e manutenção veicular: princípios, fundamentos e procedimentos de teste / Gabriel Murgel Branco, Alfred Szwarc, Fábio Cardinale Branco. - São Paulo: Blucher, 2012.

Bibliografia

ISBN 978-85-212-0696-5

1. Veículos a motor - Inspeção. 2. Veículos a motor - Dispositivos de controle da poluição. 3. Emissões; 4. Manutenção; 5. Reparação; 6. Trânsito - Legislação - Brasil. I. Título II. Szwarc, Alfred III. Branco, Fábio Cardinale

12-0171	CDD 343.810946

Índices para catálogo sistemático:
1. Trânsito - Legislação - Brasil
2. Veículos a motor - Dispositivos de controle da poluição
3. Veículos a motor - Emissões
4. Veículos a motor – Manutenção
5. Veículos a motor – Reparação
6. Veículos a motor – Inspeção

Conteúdo

Apresentação

É com grande satisfação que a Associação Brasileira de Engenharia Automotiva (AEA) lança, por meio da presente publicação, a série PUBLITEC AEA. O objetivo da série é disponibilizar um canal permanente e qualificado de informação técnica para o público interessado nas diversas questões relacionadas com a engenharia automotiva, a mobilidade e a sustentabilidade nos transportes. Dessa forma, a AEA consolida a sua missão de contribuir ainda mais para a disseminação de conhecimento e discussão de temas atuais e relevantes para o desenvolvimento tecnológico, social e ambiental do país.

O tema abordado nesta publicação é o Programa de Inspeção e Manutenção de Veículos em Uso – I/M, que se constitui em importante complemento dos programas nacionais de controle da emissão de poluentes atmosféricos e de ruído em veículos novos (veículos leves, pesados e motociclos). Os autores, especialistas em prevenção e controle da poluição veicular, apresentam de forma abrangente os princípios e fundamentos que devem nortear a adoção de Programas I/M e analisam os procedimentos de teste utilizados.

A AEA espera que esta publicação possa auxiliar a todos os interessados no desenvolvimento de Programas I/M a compreender a necessidade de uma base técnica consistente para que a sua implantação e operação sejam bem-sucedidas.

Antônio Megale   *e*   *Nilton Monteiro*
Diretor Presidente   Diretor Executivo

AEA - Associação Brasileira de Engenharia Automotiva

1

Conceitos Fundamentais

O Programa de Inspeção e Manutenção de Veículos em Uso – I/M, estabelecido em 1993 pelo Conselho Nacional do Meio Ambiente – CONAMA, foi originalmente previsto em 1986 por ocasião do estabelecimento do Programa de Controle de Poluição do Ar por Veículos Automotores – PROCONVE. A Resolução CONAMA 18/86, ao elencar os objetivos fundamentais do PROCONVE, faz menção à criação do I/M e à necessidade de envolvimento da sociedade com o tema, como mostrado a seguir.

Objetivos do PROCONVE

1. reduzir os níveis de emissão de poluentes por veículos automotores, visando ao atendimento aos Padrões de Qualidade do Ar, especialmente nos centros urbanos;

2. promover o desenvolvimento tecnológico nacional, tanto na engenharia automobilística, como também em métodos e equipamentos para ensaios e medições da emissão de poluentes;

3. *criar programas de inspeção e manutenção* para veículos automotores em uso;

4. *promover a conscientização da população* com relação à questão da poluição do ar por veículos automotores;

5. estabelecer condições de avaliação dos resultados alcançados;

6. promover a melhoria das características técnicas dos combustíveis líquidos, postos à disposição da frota nacional de veículos automotores, visando à redução de emissões poluidoras à atmosfera.

O I/M foi estabelecido pela Resolução CONAMA 07/93, posteriormente substituída pela Resolução CONAMA 418/2009, que também incluiu os motociclos e veículos similares no rol de veículos que devem ser abrangidos e estabeleceu a necessidade de atualização dos procedimentos existentes e a definição de um procedimento de medição de ruído do escapamento mediante Instrução Normativa do Instituto Brasileiro do Meio Ambiente e dos Recursos Naturais Renováveis – IBAMA. Mais recentemente, essa regulamentação foi atualizada com a Resolução CONAMA 435/11[1].

O objetivo primordial do Programa I/M é gerar e consolidar uma cultura de manutenção preventiva e, quando necessário, corretiva, dos veículos por seus proprietários e usuários, de modo a evitar que os esforços na redução da emissão de poluentes atmosféricos e de ruído por parte dos fabricantes se tornem inócuos, principalmente em decorrência de uma manutenção deficiente dos veículos em uso. Nesse contexto, a inspeção periódica dos veículos é o caminho prático para se atingir esse objetivo, sendo essa a razão para e existência do I/M em mais de 55 países.

Para que o I/M seja aceito pela sociedade, os padrões de verificação utilizados para aferir a conformidade ambiental da frota em circulação devem ser coerentes com critérios e valores reais de homologação das emissões atmosféricas e de ruído desses veículos, definidos com esse fim. É imperativo, portanto, que esses padrões não sejam tão flexíveis que não atinjam os veículos com manutenção deficiente e em pior estado, nem tão restritivos que reprovem grande parte dos veículos.

1: Pelo fato de a legislação estar sujeita a revisões periódicas, é recomendável, sempre, verificar a existência de versões atualizadas.

O I/M tem como meta fundamental induzir a adequada manutenção de veículos, em conformidade com as especificações originalmente homologadas. O programa não se presta ao aprimoramento tecnológico dos veículos em uso, visto que, para esse fim, existe legislação específica que utiliza o conceito de "certificação de tipo" para veículos novos, antes de seu lançamento no mercado, que é a ferramenta fundamental para o controle da poluição veicular.

A inspeção periódica da frota em circulação possibilita a identificação dos veículos que apresentam emissões acima do normal para o seu ano-modelo em razão de manutenção inadequada ou, também, alteração das suas especificações originais, e promove a correção do problema. Ao mesmo tempo, por meio do efeito demonstração, incentiva a manutenção preventiva e inibe o crescimento da frota que poderia estar em desconformidade com os requisitos ambientais. Portanto, tendo que compatibilizar a necessidade de inspeção em grande escala com a aferição do estado de manutenção e operação dos veículos em uso, o I/M adota uma verificação simplificada de itens de *conformidade dos veículos em uso com as suas especificações originais*, respeitadas as limitações tecnológicas de cada tipo e modelo de veículo e o desgaste normal de seus componentes, tanto para aqueles produzidos anteriormente à vigência do PROCONVE, do PROMOT (Programa de Controle da Poluição do Ar por Motociclos e Veículos similares) e do Programa de Controle de Ruído Veicular, como para os certificados no âmbito desses programas. Nesse contexto, a definição dos procedimentos utilizados na sistemática de inspeção é muito importante, assim como dos padrões de verificação aplicados para aferir a conformidade ambiental.

Uma característica importante do I/M é a possibilidade de detecção de problemas referentes ao desgaste excessivo ou mau funcionamento de certos componentes e sistemas, característicos de determinadas marcas ou modelos de veículo, que venham a interferir no controle de emissões. Nos veículos modernos atuais, apesar dos grandes avanços tecnológicos alcançados e dos controles eletrônicos disponíveis, ainda ocorrem problemas, como os ocasionados pela formação de depósitos que emperram controles ou alteram sinais detectados pelos sensores, especialmente a sonda de oxigênio (sonda lambda), mas que podem ser corrigidos por medidas simples, rápidas e de baixo custo, como a limpeza e remoção desses depósitos.

Dessa forma, o I/M é uma importante fonte de retroalimentação de informações aos fabricantes acerca do funcionamento dos seus produtos quando em uso normal pela população, permitindo a revisão e correção de procedimentos de manutenção, ou mesmo alteração de detalhes de projeto e substituição de peças, quando for o caso.

Embora não seja o foco da presente discussão, é oportuno diferenciar o I/M de outra iniciativa já adotada em alguns países para a melhoria da qualidade do ar, e que – às vezes – é confundida com o I/M, que é o Programa de Sucateamento de Veículos Altamente Poluidores. Enquanto que no I/M o objetivo é manter a emissão de poluentes sob controle, promovendo a manutenção dos veículos, no segundo o propósito é retirar definitivamente de circulação os veículos mais poluidores, que não apresentam mais condições técnicas ou econômicas para ter sua emissão reduzida significativamente. O Programa de Sucateamento pode ou não ser acompanhado por incentivos para renovação da frota, dependendo das políticas setoriais existentes e recursos financeiros disponíveis. Apesar de terem características diferentes, o objetivo da busca da qualidade ambiental é comum e, dependendo das características definidas para o I/M, este pode ser uma ferramenta auxiliar na identificação e caracterização de veículos que poderiam ser destinados ao sucateamento. Observa-se, portanto, que o controle da poluição veicular é um encadeamento de ações que se inicia com a produção de veículos novos, cada vez mais atualizados tecnologicamente e menos poluentes, passa pela exigência de uso e manutenção adequados e se encerra com o sucateamento controlado e reciclagem de componentes e materiais.

2

Considerações sobre os aspectos regulatórios

Considerando o objetivo estabelecido para o I/M, a inspeção periódica do veículo em uso visa a avaliação de desconformidades em relação às suas especificações originais. Assim, a inspeção se inicia por uma verificação visual para a identificação de anomalias importantes dos conjuntos mais influentes nas emissões que indiquem:

- problemas de manutenção;
- presença de eventuais alterações no projeto do veículo;
- ocorrência de adaptações e conversões não certificadas pelo IBAMA;
- emissão excessiva de gases e partículas que possam contaminar os equipamentos de medição;
- observação de ruído anômalo ou excessivo e outras irregularidades grosseiras.

Somente após esta etapa, o veículo é submetido a certas medições de emissão e, em determinados casos, também de ruído, para uma avaliação rápida e de baixo custo do estado de manutenção e da regulagem do motor. Esta é a linha mestra que norteia o I/M, sendo portanto descartada a verificação de conformidade completa, conhecida como "certificação de tipo", realizada em laboratórios especializados e feita para aferir a conformidade da configuração do veículo antes do seu lançamento e para o acompanhamento da conformidade da sua produção.

Os padrões de verificação, adotados no I/M são apenas referências para a comparação relativa entre veículos semelhantes nas mesmas condições de funcionamento e devem refletir indiretamente os níveis de emissão de poluentes atmosféricos e ruído estatisticamente representativos para veículos em condições normais de operação, reconhecidos como possíveis de serem atendidos para cada tipo de veículo ou motor associado e para cada ano-modelo sujeito à inspeção, de acordo com o método de avaliação utilizado.

Desde o início, a Resolução CONAMA nº 18/86 que criou o PROCONVE, estabelece em seus Capítulos VI e VIII que os limites de emissão para a inspeção de veículos em uso devem ser indicadores da correta manutenção e se basear nas especificações certificadas pelo fabricante junto ao IBAMA, ficando os limites correspondentes para homologação de tipo, apenas como máximos de referência. Os artigos dessa Resolução que mencionam diretamente os aspectos voltados ao veículo em uso são os seguintes:

"Cap VI - Estabelecer os LIMITES MÁXIMOS DE EMISSÃO de poluentes do ar para os motores e veículos automotores novos:

4.3. Até o estabelecimento, pelo CONMETRO, dos métodos e procedimentos de ensaios aplicáveis, as garantias do fabricante, itens 4.1. e 4.2., poderão ser substituídas pela redução de 10% nos limites máximos de emissão estabelecidos por esta Resolução, exceto para o caso de monóxido de carbono em marcha lenta. O fator numérico, utilizado para efetuar esta redução, é denominado Fator de Deterioração da Emissão."

"Cap VIII – Estabelecer as condições gerais necessárias ao cumprimento desta Resolução:

1.4. A partir de 1º de janeiro de 1987, os fabricantes de veículos automotores devem fornecer ao consumidor, através do Manual do Proprietário do veículo, bem como à Rede de Serviço Autorizado, através do Manual de Serviço, as seguintes especificações:

- *emissão de monóxido de carbono em marcha lenta, expressa em porcentagem;*

- *velocidade angular do motor em marcha lenta, expressa em rotações por minuto;*
- *ângulo de avanço inicial da ignição, expresso em graus;*
- *a influência da altitude e da temperatura ambiente nos parâmetros especificados, quando isto for relevante;*
- *outras especificações que o fabricante julgar necessário divulgar, para indicar a manutenção correta e o atendimento ao controle de emissão.*

3.18. A partir de 1º de janeiro de 1988, o parafuso de regulagem da mistura do ar-combustível em marcha lenta e outros itens reguláveis de calibração do motor, que possam afetar significativamente a emissão, devem ser lacrados pelo fabricante ou possuir limitadores invioláveis para a faixa permissível de regulagem, sendo que o veículo deve obedecer aos limites de emissão previstos nesta Regulamentação, em qualquer ponto destas faixas permissíveis, bem como dos seus controles manuais (acelerador, ponto de ignição, afogador, etc.)".

Dessa forma, qualquer veículo dentro das especificações fixadas pelo seu fabricante deve atender aos limites de emissão previstos para a certificação de veículos novos, acrescidos dos respectivos fatores de deterioração certificados para aquele modelo. É digno de nota registrar que os fabricantes de veículos devem disponibilizar as especificações para a manutenção de todos os modelos produzidos, de forma a permitir que a rede de reparação possa realizar a manutenção adequada ao cumprimento das exigências ambientais por toda a vida útil do veículo.

Além disso, é oportuno destacar que, se a inspeção detectar desconformidades do veículo que sejam caracterizadas como "item de ação indesejável" conforme definido na Resolução CONAMA nº 230/97, ou modificações, adulterações ou conversões em desconformidade com relação às especificações originais certificadas, o veículo deve ser reprovado na inspeção.

3

Procedimentos de avaliação e o significado técnico do ensaio de emissões para I/M

Frequentemente se observa que comentários sobre o I/M evidenciam confusão conceitual entre o que significam os limites de emissão certificados no âmbito do PROCONVE, do PROMOT e do Programa de Controle de Ruído Veicular e aqueles estabelecidos para o I/M. Essa confusão ocorre pelo uso indistinto da expressão "limites de emissão".

Logo, é necessário esclarecer que no caso dos três programas mencionados, os limites de emissão tem como objetivo primordial promover a adoção de tecnologias para reduzir a emissão em massa dos poluentes regulamentados (CO, HC, NOx, MP, aldeídos)[2] e o ruído a determinados níveis máximos, enquanto, no caso do I/M, são apenas valores de referência para a aferição do estado de regulagem e manutenção do veículo e, portanto, meros padrões de verificação. No primeiro caso, os limites

2: CO = monóxido de carbono; HC = hidrocarbonetos; NOx = óxidos de nitrogênio e MP = material particulado.

de emissão são estabelecidos no contexto de uma estratégia de controle de emissões e expressos em gramas de poluente emitido por quilômetro rodado (g/km), ou por quilowatt-hora (g/kWh) quando a medição é feita somente no motor, como é o caso dos motores de veículos pesados. A conformidade a esses limites é verificada em testes realizados em laboratórios sofisticados, climatizados, que utilizam procedimentos de teste complexos. O teste simula em um dinamômetro, em condições padronizadas de cargas e de operação, as acelerações, desacelerações e velocidades pré-definidas em normas técnicas específicas. Enquanto o veículo ou o motor é submetido ao teste, a emissão dos poluentes é coletada, integrada e analisada, fornecendo para cada poluente medido o resultado final em massa. Nesse caso, a aplicação de limites mais restritivos objetiva o aprimoramento tecnológico do veículo para reduzir a emissão durante o seu uso normal.

No caso dos padrões de verificação do I/M para veículos com motor do ciclo Otto, estes são expressos em concentração, ou seja, porcentagem do volume do gás de exaustão para CO e partes por milhão (ppm) para HC. Esses padrões são baseados nas informações apresentadas pelos fabricantes dos veículos ou, quando de sua inexistência, em estatísticas de medição. Quando essas estatísticas também inexistem, podem-se utilizar para referência informações disponíveis de outros programas I/M para padrões tecnológicos semelhantes. Na prática, esses padrões são confrontados com valores medidos com o veículo parado, em regime de marcha lenta, podendo também ser medidos em marcha acelerada, sendo que em ambas as situações o motor opera sem carga e o teste é feito em qualquer tipo de ambiente ou instalação. Para veículos com motor do ciclo Diesel, mede-se a opacidade da fumaça em aceleração livre, que é o indicador equivalente. A adoção desses padrões deve ser compatível com a tecnologia do veículo e com as suas características originais de emissão. Reduções desproporcionais e desvinculadas das características originais dos veículos descaracterizam o propósito de sua utilização e resultam em reprovação de veículos que poderiam ser considerados em bom estado de regulagem e de manutenção. Obviamente, essa não é uma situação aplicável ao I/M, que tem como objetivo fundamental educar e estimular os proprietários e usuários de veículos a mantê-los de forma adequada com vistas a evitar que o desgaste de componentes resulte em aumento da emissão ou que sejam adotadas práticas ilegais de descaracterização do veículo ou de seus sistemas de controle de emissão.

Desde os primeiros Programas I/M desenvolvidos no mundo, as análises de CO e de HC vêm sendo utilizadas para verificar se o processo de combustão está dentro do esperado. Assim, emissão alta de

CO e de HC simultaneamente indica excesso de combustível (ou falta de ar) na câmara de combustão, enquanto que emissão alta de HC, com valores normais de CO, atesta falhas de combustão, provavelmente do sistema de ignição ou em razão da dosagem pobre em combustível, podendo também ser resultante da queima de óleo lubrificante causada por vazamentos pelos anéis e pelas guias de válvula. Qualquer um desses casos pode, ainda, indicar problemas nos componentes dos sistemas que fazem o pós-tratamento dos gases de combustão. Por mais sofisticados que sejam os controles eletrônicos de gerenciamento do motor e do sistema de controle de emissão, a presença de concentrações elevadas desses gases no escapamento continuará sempre indicando os mesmos problemas; o que pode mudar com as diferentes tecnologias empregadas são os valores típicos de emissão.

Esse raciocínio não deve ser extrapolado para o pleito de padrões de verificação muito mais elevados para os veículos antigos, como fazem os colecionadores desses veículos, que reivindicam padrões de CO de até 10% para os veículos pré-1970. A título de ilustração, pode-se dizer que um motor operando a gasolina ou a etanol e emita mais de 15% de CO está convertendo a totalidade do combustível queimado nesse gás, portanto apresentando a queima totalmente comprometida e ineficiente. Com base na experiência internacional e brasileira é possível dizer que não se justifica uma emissão de CO maior do que 6% ou 7% (ou seja, queimando mal quase a metade do combustível) ou uma emissão de HC acima de 1.000 ppm. A propósito, um veículo FORD "modelo A" fabricado em 1931 – com quase 80 anos de idade – registrou resultados da ordem de 6% de CO e 250 ppm de HC, medidos no I/M da cidade de São Paulo – I/M-SP (Centro de Inspeção Casa Verde, em 21/09/2010). Trata-se de uma comprovação interessante, dentre inúmeras outras disponíveis, de que os valores fixados pelo CONAMA para veículos antigos possuem uma margem de segurança bastante satisfatória. Vale notar que os padrões adotados para os motores em marcha lenta são fruto de uma pesquisa realizada pela Companhia Ambiental do Estado de São Paulo – CETESB com os veículos da época em que foi proposta a primeira Resolução CONAMA 07/93 para I/M (modelos 1970 a 1990), revistos e estendidos para os motociclos, o que veio a ser confirmado por mais de 10 milhões de inspeções pela Secretaria do Verde e Meio Ambiente do Município de São Paulo – SVMA, de 2009 a 2011.

3.1. Medição de CO e HC em veículos com motor do ciclo Otto sem carga

A avaliação de CO e HC em marcha lenta e em marcha acelerada, a 2500 RPM sem carga ("two speed idle" ou TSI), é o ensaio de emissão mais simples e de baixo custo disponível para veículos com motor do ciclo Otto, sendo atualmente utilizado em vários países para diagnóstico do estado de manutenção em oficinas e na inspeção periódica obrigatória. Esse ensaio foi inicialmente desenvolvido para motores carburados, porém tem sido aprimorado em pequenos detalhes que lhe conferiram capacidade para identificar a existência dos defeitos principais nos sistemas eletrônicos de gerenciamento do motor mais sofisticados e, também, problemas críticos relacionados com os conversores catalíticos.

Nesse procedimento, o motor é levado inicialmente a 2.500 RPM (ou, quando necessário, outra velocidade mais alta nos motores mais rápidos) para assegurar que o motor e o conversor catalítico estejam aquecidos e estabilizados, sendo então feita a medição da emissão em termos da concentração em volume do poluente no gás de escape. Essa condição é verificada pelas leituras das próprias emissões de CO e HC ou pelo tempo de três minutos nesta rotação. Em seguida, o motor é levado à marcha lenta e as emissões são novamente medidas.

Nesses regimes de funcionamento do motor sem carga, a estabilidade da combustão está na situação mais crítica para a manutenção da frente de chama, pois as pressões, velocidades e temperaturas dos gases no cilindro são as mais baixas, requerendo misturas mais ricas e, portanto, com emissão de CO e HC maiores. Esse fato é de percepção geral dos usuários de veículos que, ao perceberem falhas no motor, aceleram-no para evitá-las enquanto dirigem. Por isso, a aprovação nessas condições é um excelente indicador da correta regulagem dos sistemas de alimentação e ignição, bem como de que o conversor catalítico esteja operando corretamente.

Para evitar a possibilidade de fraude pela diluição dos gases de escapamento por entradas falsas de ar, todos os resultados são corrigidos pelo fator de diluição determinado pela fórmula:

> 3: CO_2_estequiométrico = dióxido de carbono resultante da queima da mistura ar-combustível ideal para combustão completa.

$$F_{diluição} = \frac{CO_{2\_estequiométrico}}{(CO + CO_2)_{medidos}}$$

Em que $CO_{2\_estequiométrico}$[3] é igual a 12 para GNV e 15 para etanol e gasolina.

O IBAMA especifica a sequência de operações como indicado na Figura 1, prevendo uma injeção de ar em fluxo contrário na sonda de amostragem para assegurar a sua descontaminação entre as leituras.

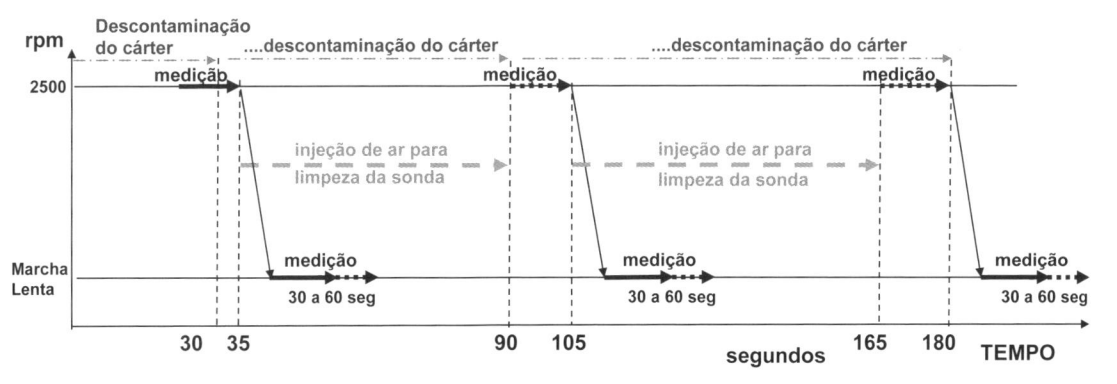

Figura 1 – Sequência de operações do ensaio para medição de CO e HC.

Um problema relativamente comum, principalmente em veículos que fazem predominantemente percursos curtos, é a formação de depósitos no sistema de admissão do motor que dificultam a estabilização da marcha lenta. A ocorrência desse problema é mais perceptível pela medição de gases, sendo importante dar atenção ao tempo decorrido entre o início da desaceleração do motor e as leituras de CO e HC. Normalmente os motores desaceleram em 3 a 4 segundos e estabilizam a RPM em até 8 segundos. Valores superiores são indicativos da ocorrência de depósitos e provocam resultados variáveis, ora bons, ora ruins. Por esses aspectos, a leitura dos gases deve ser realizada dentro de um intervalo de 30 segundos após a liberação do pedal do acelerador, sendo tolerável até 60 segundos.

Há ainda a questão da emissão de NOx: esta é quase nula nesses regimes, em virtude da ausência de carga e, consequentemente, de pressões e temperaturas elevadas na combustão. Os problemas porventura existentes nos sistemas de controle e pós-tratamento dos gases, porém, também se refletem nas leituras de CO e HC e podem ser indiretamente avaliados. As falhas principais desses sistemas são:

- conversor catalítico inoperante: também é identificado pelo aumento das emissões de HC e CO;
- razão ar-combustível diferente da estequiométrica: também é identificada pela medição do teor de O_2 nos gases de escapamento nos regimes de baixa carga, assim como pela emissão de CO e HC;
- válvula EGR travada: geralmente trava aberta (a força de retorno costuma ser menor do que a de acionamento) e a recirculação de gases ocorre também em marcha lenta, dificultando a combustão e aumentando a emissão de HC;
- sistema EGR desligado: necessita identificação visual ou ensaio específico em cargas **elevadas**.

Em estudo de correlação entre as medições de emissão por sensoriamento remoto no tráfego da cidade de São Paulo e de CO e HC nos Centros de Inspeção do I/M-SP, foi detectada uma incidência de emissão alta de NOx de 2,7% entre os veículos aprovados no I/M-SP e de 20% entre os reprovados. Essa estatística demonstra claramente a capacidade do ensaio de CO e HC em marcha lenta e marcha acelerada para a detecção de problemas de manutenção associados à emissão de NOx, mesmo sem medi-la[ii].

3.2. Aprimoramentos da medição da emissão de CO e HC em motor do ciclo Otto

Visando a identificar os problemas associados ao controle de NOx, a Diretiva Europeia 2003/27/CE aprimorou o ensaio em operação sem carga acrescentando uma medição adicional da concentração de O_2 para o cálculo do parâmetro ar-combustível (lambda), tornada obrigatória na Europa. Essa regulamentação para a inspeção determina que veículos com sistema eletrônico de circuito fechado – "closed-loop" – atendam a padrões de verificação desse parâmetro no intervalo 0,97 a 1,03.

Existe um procedimento adicional (também em marcha lenta) para a determinação da capacidade de recuperação de uma perturbação propositalmente criada na regulagem do motor e, dessa forma, avaliar a operação dos controles de emissão, inclusive de NOx. Nesse procedimento, cria-se uma perturbação pela introdução de ar falso no coletor de admissão em um local predeterminado ou desconectando algum componente apropriado. O circuito eletrônico de controle da razão ar-combustível (lambda) deve reconhecer e corrigir o distúrbio e as correspondentes oscilações da dosagem de combustível, ou seja, a medida do valor lambda deve ser mantida com uma tolerância de ±3% e o tempo de recuperação não deve exceder um valor preestabelecido. Da mesma forma, a retirada da perturbação deve ser novamente reconhecida e compensada pelo sistema dentro das mesmas tolerâncias.

Dessa forma, os veículos dotados de catalisador de triplo efeito (oxidação de CO e HC e redução de NOx) e de sistemas de gerenciamento eletrônico com circuito fechado (sonda lambda), devem atender aos seguintes requisitos:

- recuperar a estabilidade após perturbações provocadas durante a medição em marcha lenta, dentro de um minuto e mantendo o valor de lambda entre 0,97-1,03;
- o monóxido de carbono não deve exceder 0,3%. Para os veículos Euro 4, esse limite é de 0,2%.

A forma mais imediata de criar uma perturbação temporária na regulagem do motor é a introdução de um vazamento limitado a cerca de 5 a 10% da vazão de ar do motor em marcha lenta, numa mangueira ligada ao coletor de admissão (do cânister, ou da ventilação do cárter, ou outra qualquer), mediante a instalação de uma válvula para isso. O diâmetro do furo calibrado é definido pelo fabricante do motor (da ordem de 1,0 mm para cada litro de cilindrada). Alguns fabricantes recomendam também uma alteração temporária no regulador de pressão do combustível para produzir o mesmo desequilíbrio.

A instalação de uma válvula para a introdução desse vazamento de ar é geralmente realizada como indica a Figura 2 e deve ser feita em cada banco de cilindros caso tenham sondas lambda independentes.

Uma forma alternativa aconselhada pelo TÜV Nord é o acionamento do pedal do freio numa frequência de 20 vezes por minuto. Entretanto, esse procedimento pode ser variável, dependendo da habilidade do inspetor, o que gera incertezas adicionais ao ensaio, embora seja fácil de executar adequadamente e tem a vantagem de não exigir intervenções mecânicas nos veículos nem depender dos fabricantes.

Todavia, considerando o estágio nascente do I/M no Brasil e o fato de que os procedimentos utilizados não envolvem montagem ou desmontagem de componentes, a introdução desse procedimento poderia causar reclamações dos proprietários de veículos, portanto se destaca a necessidade de cuidadosa análise da adoção do procedimento em escala de rotina. Por outro lado, o procedimento poderia ser utilizado em caráter de pesquisa e utilização esporádica em situações especiais, como investigação de defeitos.

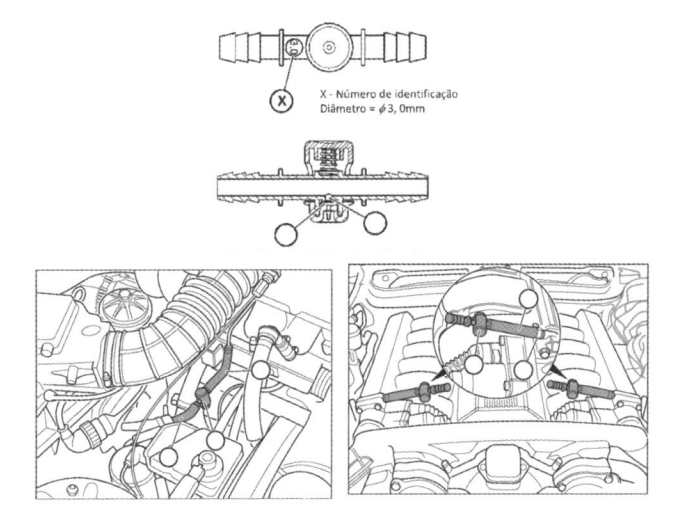

Figura 2 – Montagem da válvula de ar para a criação de distúrbios de lambda[iii].

No município de São Paulo, o método de ensaio em operação sem carga também foi aprimorado para identificar fraudes comuns em veículos convertidos para uso de gás natural veicular – GNV. Em muitos casos, tais conversões abandonam a condição de operação em circuito fechado de motores modernos, degradando o controle de emissões estabelecido pelo PROCONVE duas décadas atrás e, com isso, convertendo o motor a um "poluidor a GNV". Tipicamente as emissões de motores convertidos funcionando com GNV são maiores do que com combustível líquido, como também é típico que a estatística do fator de diluição seja variável com GNV e estável com combustível líquido no processo de inspeção, o que denuncia a variação da razão ar-combustível.

Para burlar a inspeção e esconder essa fraude, os usuários cometiam outra, adulterando a chave de comutação dos combustíveis de modo a forçar o ensaio com o mesmo combustível nas duas medições exigidas, geralmente com o líquido, para o qual o sistema volta a operar em circuito fechado.

Com base nessas estatísticas, a Controlar, empresa encarregada da inspeção veicular de emissões em São Paulo, desenvolveu e acrescentou em seu software de medição das emissões uma análise da coerência dos resultados de emissão dos veículos a GNV mediante o cálculo de um parâmetro adicional definido pela razão entre os fatores de diluição calculados com cada combustível, conforme segue:

$$R = \frac{COx_{\_LIQ}}{COx_{\_GNV}} = 15/12 = 1,25$$

Onde COx representa a soma (CO+CO$_2$)$_{medidos}$

Considerando os desvios de medição, o valor de R pode variar entre 1,2 e 1,4. Fora desse intervalo, os valores encontrados indicam os seguintes desvios:

- R entre 0,99 e 1,01 corresponde aos casos em que foram feitas duas medições com o mesmo combustível;
- R menor do que 0,99 corresponde aos casos em que a ordem das medições com os dois combustíveis foi invertida;
- outros valores de R indicam funcionamento irregular em decorrência de desvios da sonda lambda e/ou do circuito eletrônico fechado.

Limites	0,71	0,83	0,99	1	1,01	1,2	1,4
Tipo de dado	Inválidos Invertidos	Válidos Invertidos	Inválidos Invertidos	Inváll.	Inválidos	Válidos	Inválidos
Motivo provável	COx líq >>> COx GNV λ líq < λ GNV	LEITURA EM ORDEM ERRADA	COx líq ~ COx GNV λ líq > λ GNV	COx líq~COx GNV	COx líq ~ COx GNV λ líq > λ GNV	λ líq =λGNV	COx líq >>> COx GNV λ líq < λ GNV
Providência	REFAZER INSPEÇÃO NA ORDEM CORRETA			*	REFAZER INSPEÇÃO, SE CONFIRMADO, REPROVAR VEÍCULO		REFAZER INSPEÇÃO, SE CONFIRMADO, REPROVAR VEÍCULO

VERIFICAR O CORRETO FUNCIONAMENTO DO DISPOSITIVO SELETOR DE COMBUSTÍVEL

Figura 3 - Intervalos possíveis de valores de R .

Enfatiza-se que os procedimentos de avaliação de emissões do motor sem carga não medem a emissão de poluentes pelo veículo nas condições de tráfego, mas apenas avaliam a **conformidade do veículo** com base nas suas especificações de regulagem e na **presença de problemas e defeitos** que sinalizem a ocorrência de funcionamento diferente do normal para aquele modelo e a consequente necessidade de reparo. A partir das indicações sugeridas pelos resultados obtidos, o veículo deve ser encaminhado ao agente reparador (oficina de marca ou independente) que deve estar devidamente treinado e equipado para detalhar o diagnóstico, identificar os problemas e defeitos e consertá-los.

3.3. MEDIÇÃO DA OPACIDADE EM VEÍCULOS COM MOTOR DO CICLO DIESEL

A avaliação do pico de opacidade em aceleração livre é o ensaio de emissão mais simples e de baixo custo disponível para veículos com motor do ciclo Diesel, sendo atualmente utilizado em vários países para diagnóstico do estado de manutenção em oficinas e na inspeção periódica obrigatória. Esse ensaio foi inicialmente desenvolvido para motores com injeção mecânica. O motor é posto em marcha lenta e acelerado brusca e totalmente até que o limitador de RPM reduza a injeção de combustível, de forma que a carga mecânica (e térmica) aplicada ao motor é dada pela inércia das suas partes móveis, associada à aceleração angular do seu eixo.

Nessas condições, o acelerador totalmente pressionado determina o débito de combustível próximo do seu valor máximo, enquanto a velocidade angular não atinge o valor limite dado pelo regulador de RPM. Portanto, nesse procedimento, a combustão se desenvolve de maneira similar à de torque total do motor, passando pelas condições de funcionamento onde ocorrem os seus maiores índices de fumaça, cujo máximo é registrado como indicador da regulagem do sistema de injeção.

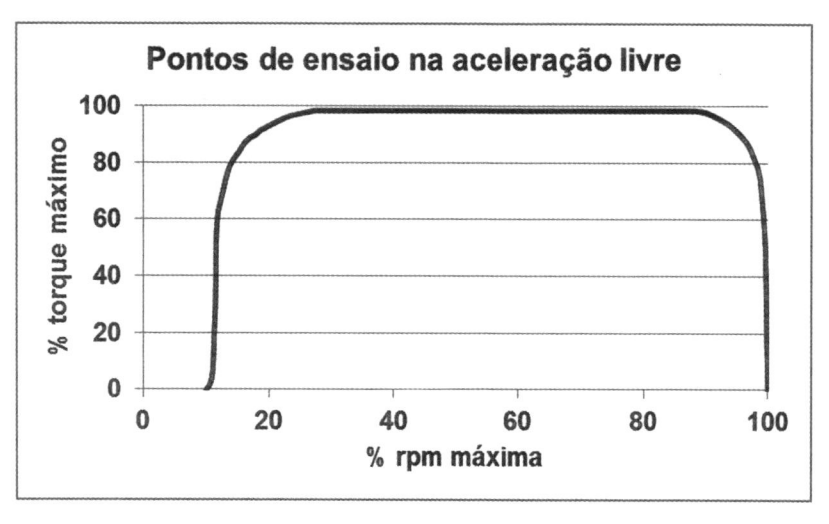

Figura 4 – Torques durante a medição de opacidade em aceleração livre.

Com os sistemas eletrônicos de gerenciamento do motor, é possível fazer com que o software detecte as altas acelerações angulares e reduza a injeção de combustível nessa situação, reduzindo a capacidade de detecção de defeitos do ensaio em aceleração livre. Esse fato leva os legisladores a considerar ensaios com o motor sob carga em velocidade constante ou com a aplicação de carga com o próprio freio do veículo enquanto o mesmo roda em pista ou sobre rolos livres (ensaio de "lug down").

Além disso, a emissão de fumaça muito reduzida nos motores eletrônicos, cuja pressão de injeção supera os 2.000 bar, exigiu a evolução dos opacímetros, com comprimento de onda mais curto, para detectar partículas mais finas.

A forma mais simples de erro ou de fraude nesse ensaio é o acionamento lento e gradual do pedal do acelerador e isso deve ser evitado, devendo o acionamento do pedal ser rápido. Para levar em conta possíveis variações na aceleração do motor, o procedimento deve ser repetido, pelo menos 3 vezes, exigindo-se que os tempos decorridos entre a marcha lenta e a velocidade de corte (máxima permitida pelo regulador de RPM) sejam uniformes e os resultados de opacidade não difiram em mais de 0,5m^{-1}.

3.4. DIAGNOSE ELETRÔNICA A BORDO DO VEÍCULO – OBD

Todos os motores dotados de gerenciamento eletrônico registram as falhas de operação ocorridas durante o funcionamento e buscam a sua correção continuamente mediante o ajuste a partir dos parâmetros lidos pelos sensores de temperatura, pressão, RPM etc. Quando a falha é detectada frequentemente, o sistema acende uma lâmpada indicadora de mau funcionamento (LIM) no painel do veículo e armazena um código correspondente para o diagnóstico da correção necessária[iv]. Os sistemas eletrônicos de gerenciamento do motor permitem a avaliação do seu estado de manutenção por meio de um equipamento de diagnóstico apropriado, conectado a uma interface do veículo, que faz a leitura dos códigos de erro específicos de cada defeito, que ficam armazenados na memória do processador. Após o reparo, os códigos são apagados pelo mecânico. Esse sistema de diagnose a bordo, conhecido como OBD (*on-board diagnosis*), poderia ser também utilizado para a inspeção anual, porém é sujeito a fraudes voltadas ao apagamento de defeitos sem a sua reparação, mediante a desconexão da bateria imediatamente antes da inspeção, por exemplo.

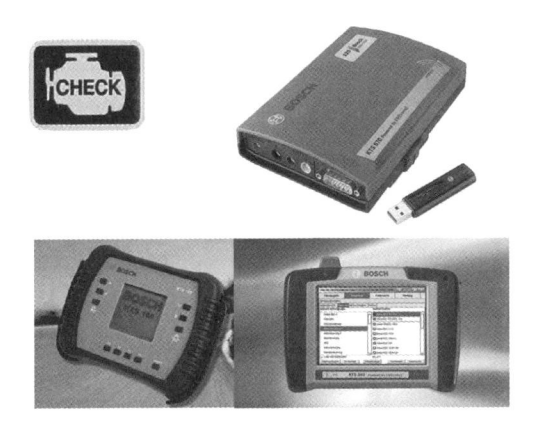

Figura 5 – Lâmpada LIM e equipamentos de leitura do OBD, cortesia da Bosch.

Para poder ser utilizado na inspeção do I/M, a legislação requer que os códigos armazenados no sistema OBD correspondam a registros invioláveis indicadores das falhas que estejam ocorrendo em operação, que não possam ser apagados voluntariamente, mas apenas pelo próprio sistema quando o motor voltar a funcionar corretamente algum tempo depois da sua reparação.

Para que o OBD esteja apto a oferecer avaliações confiáveis e corretas, é necessário que o sistema tenha tido a oportunidade de presenciar regimes variados de funcionamento depois da sua última alteração. Para isso, ele também inclui parâmetros de prontidão operacional (*readiness codes*) a fim de indicar a possibilidade de avaliação de cada estratégia de gerenciamento do motor. Portanto, a combinação desses dois tipos de parâmetros assegura a conformidade do veículo quando o OBD está pronto e não há códigos de defeito registrados.

Adicionalmente, o OBD permite a leitura de lambda diretamente pela central eletrônica de gerenciamento do motor, mesmo em motores anteriores a 2007, o que pode ser utilizado para verificar também a ocorrência de fraudes por adição exagerada de etanol à gasolina. Outros parâmetros de análise, eficiência do conversor catalítico etc. também poderiam ser acessados por meio do sistema OBD, mas a regulamentação deve ser aprimorada e estabelecer os valores de referência aplicáveis a estes parâmetros, a exemplo da legislação norte-americana.

O OBD também permite estender a inspeção à avaliação dos sistemas de segurança do veículo controlados eletronicamente, como os freios ABS, air bags etc. Para a sua execução, o centro de inspeção e as oficinas de reparação devem estar preparados para uma grande variedade de estados diferentes dos sistemas envolvidos, que devem ser acessados e avaliados quanto ao seu funcionamento.

O Art. 9º da Resolução CONAMA 354/2004 define que a inspeção periódica de veículos em uso (do ciclo Otto) deve utilizar equipamentos apropriados à aquisição de dados de sistemas OBD, por intermédio das suas interfaces de comunicação padronizadas, a partir da disponibilidade desses sistemas no mercado, respeitados os prazos da regulamentação do I/M.

Entretanto, somente a partir de 2007, os veículos com motor do ciclo Otto comercializados no Brasil começaram a ser dotados de protocolos segundo o padrão OBD-Br1, com a indicação de falhas de continuidade elétrica dos sensores e do módulo de gerenciamento (circuitos abertos ou em curto) ou leituras de parâmetros fora da faixa esperada. Entre 2010 e 2011, foi introduzido o padrão OBD-Br2 que deve também detectar e registrar a existência de falhas de combustão, deterioração dos sensores de oxigênio primários e eficiência de conversão do catalisador. Ambos os padrões de OBD foram introduzidos progressivamente de forma que somente os veículos com motor do ciclo Otto fabricados a partir de janeiro de 2011 poderão ser eficientemente inspecionados por meio do OBD. Os veículos a diesel ainda deverão ser equipados com OBD somente a partir de 2012 (pesados) e 2015 (leves).

Resultados obtidos na Califórnia[v] indicam que um veículo está duas vezes mais sujeito à detecção de falhas na inspeção pelo OBD II do que nos ensaios de emissão atuais, o que está levando as autoridades a aprimorar o sistema de OBD e adotá-lo quase que exclusivamente para os veículos mais novos, permanecendo os ensaios de emissão para os veículos mais antigos e as reinspeções de veículos reprovados. Portanto, é extremamente desejável a inclusão do OBD como ferramenta complementar do I/M, mas até que os sistemas brasileiros comprovem tal eficácia, continuam indispensáveis as medições de emissão em marcha lenta e marcha acelerada (Otto) e de opacidade em aceleração livre (Diesel) para a verificação básica da regulagem do motor. Dessa forma, a aplicação prática do OBD ainda carece de melhor avaliação quanto à sua real confiabilidade nas condições existentes no país, requerendo necessariamente treinamento, definição e divulgação dos parâmetros a serem avaliados.

Nesse sentido, é importante conhecer também a experiência europeia, onde a multiplicidade de marcas e procedências de veículos evidenciou muitas inconsistências de software entre os diversos equipamentos de aquisição dos códigos (scanners) e os sistemas eletrônicos dos veículos, que levam a diferentes códigos de falhas para os mesmos defeitos ou vice-versa. A Comunidade Europeia realizou um estudo[vi] com amplo levantamento de dados, coordenado pelo RWTÜV, de onde surgiram os aprimoramentos da regulamentação 96/96/EC propostos para solucionar os problemas encontrados.

Para o futuro, a Califórnia já trabalha na definição de novos padrões, especialmente a análise na definição de maior número de parâmetros indicadores de que o OBD teve tempo para completar novo diagnóstico ("readiness codes") depois de alterações realizadas no sistema, ou desligamento da bateria etc. que apaguem os códigos existentes, incluindo a transmissão dos dados do OBD aos órgãos governamentais pela tecnologia dos telefones celulares. Os veículos em conformidade poderão ser dispensados do ensaio anual, enquanto que os que apresentarem problemas serão notificados para procederem à manutenção necessária e chamados para uma inspeção completa com ensaio de emissões.

3.5. Ensaio de aceleração simulada – ASM

O ensaio ASM é realizado com o veículo sobre um dinamômetro de chassis em dois regimes estacionários conhecidos como 50/15 (50% da potência base e 15mph – milhas por hora) e 25/25 (25% da potência base e 25mph), sendo que a potência base corresponde à necessária para imprimir uma aceleração de 1,5m/s^2 ao veículo. Essa aceleração é o valor máximo atingido no ciclo FTP-75, utilizado para certificação da emissão, mas na falta desse dado, a ser fornecido pelo fabricante, a agência ambiental norte-americana – EPA fixa uma tabela de potências que variam de 7 a 11 HP para veículos de massa entre 1.000 e 2.000kg. Utiliza-se a segunda marcha nas transmissões mecânicas e o "drive" nas automáticas.

O CARB, órgão de proteção ambiental da Califórnia, e a EPA, têm procurado determinar padrões de verificação do I/M específicos para esse método de forma a estreitar a margem de correlação dos ensaios ASM com o procedimento FTP-75 para que medições ASM possam ser convertidas em "equivalentes FTP-75". Entretanto, essa é uma forma artificiosa de comparação, pois os regimes de funcionamento são diferentes e muito pouco representativos no procedimento ASM, especialmente por não incluírem os regimes transitórios, nos quais as emissões são máximas e as estratégias de gerenciamento e controle do motor são diferentes. Por isso, não adianta estabelecer pesos aos pontos ensaiados que levem a uma ponderação "equivalente" aos resultados FTP-75 em ciclo de condução.

Há estudos realizados com mais dois modos operacionais: o modo 50/RL (a 50mph sob a potência em pista – *road load* – requerida para mantê-lo nessa velocidade no plano horizontal, que também é a base para a calibração do ensaio FTP-75) e o ensaio em marcha lenta, mas com a transmissão em "drive" ou com a embreagem pressionada, para se aproximar das condições utilizadas durante o ensaio FTP-75. Essa nova condição de marcha lenta impõe uma pequena carga ao motor, mas foi escolhida porque alguns algoritmos de controle de emissão se alteram nesta situação[vii]. Esses estudos mostram que esses dois modos adicionais são necessários para melhorar a correlação dos métodos ASM e FTP-75, pois os motores ficam em marcha lenta durante um terço do tempo de funcionamento (tanto no FTP-75, quanto no trânsito médio) e as emissões de NOx são mais bem avaliadas na condição de 50mph/RL, quando começam a se tornar mais significativas e os sistemas de controle começam a entrar em operação.

Os gases são medidos durante 40 segundos em cada modo operacional, após a estabilização da velocidade, e o resultado é a média das concentrações nos últimos 30 segundos para assegurar a estabilização da amostra na linha de coleta. Os analisadores são os previstos pela especificação BAR 90 para equipamentos de 5 gases (CO, CO_2, HC, NOx e O_2).

O ensaio ASM apresenta vantagens sobre o ensaio em marcha lenta e marcha acelerada sem carga na detecção de fraudes que alteram a regulagem do motor em prejuízo do desempenho, pois novas falhas surgem sob carga. Em contrapartida, requer cuidados adicionais de segurança e fixação do veículo ao dinamômetro, aumenta o custo operacional e o tempo de inspeção.

Uma questão importante a ser considerada quando se adota esse tipo de ensaio é a necessidade da rede de reparação dispor de dinamômetros e utilizar os mesmos equipamentos e procedimentos de modo a conduzir o ensaio estritamente de acordo com os padrões de verificação oficiais, o que eleva os custos dos serviços de manutenção. Também é necessário possuir conhecimento técnico especializado para interpretar os resultados e conduzir de forma correta os serviços de reparo.

3.6. Ensaio em ciclo de condução IM-240

O ensaio IM-240, originalmente desenvolvido nos EUA, é o que mais se aproxima do ensaio de certificação norte-americano. O veículo opera sobre um dinamômetro de chassis, seguindo um ciclo de condução de 240 segundos (fig. 6), representativo do ciclo FTP-75 e, portanto, mais próximo das condições normais de operação em trânsito que o ASM. A distribuição estatística das velocidades e acelerações nesse ciclo é bastante semelhante à do FTP-75, mas o ensaio IM-240 é realizado somente com partida a quente, para permitir que os veículos sejam apresentados e imediatamente ensaiados. Dessa forma, pode-se dizer que o IM-240 é o procedimento mais completo para a medição das emissões em massa no Programa I/M, mas ainda apresenta limitações técnicas significativas para tal finalidade.

Dada a presença de regimes transitórios, a grande variação da vazão dos gases obriga que a amostragem seja feita com diluição por volumes constantes, no mesmo conceito do FTP-75. Essa diluição também obriga que os analisadores de gases sejam mais precisos e de escala mais baixa, aumentando ainda mais a complexidade e o custo dos equipamentos e do método.

Todos esses fatores elevam a qualidade do método, mas encarecem-no sobremaneira e exigem maior especialização dos inspetores. Esses fatores, somados à dificuldade de cobrir uma grande gama de condições operacionais em poucos minutos, tem sido a razão principal para o seu progressivo abandono nos EUA, em favor de técnicas mais simples e expeditas, entre as quais se destaca o OBD II associado a alguma medição de emissão (TSI na maioria das vezes ou ASM).

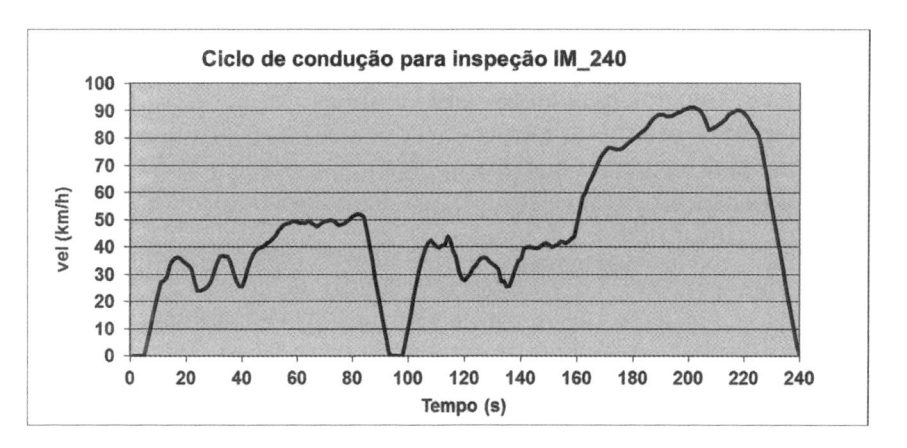

Figura 6 – Ciclo de velocidades do procedimento IM-240.

O ensaio IM-240 apresenta vantagens sobre os ensaios em marcha lenta sem carga e ASM na detecção de fraudes que alteram a regulagem do motor em prejuízo do desempenho e da dirigibilidade, pois esses efeitos tornam-se evidentes durante os transitórios do ciclo de condução.

Analogamente ao que foi mencionado antes, quando se adota esse tipo de ensaio é necessário que a rede de reparação utilize dinamômetro e sistemas auxiliares, que nesse caso são mais sofisticados e caros que para o ensaio ASM, bem como os mesmos equipamentos e procedimentos. Também há necessidade de conhecimento técnico especializado para interpretar os resultados e conduzir de forma correta os serviços de reparo.

3.7. ENSAIOS COMPLEMENTARES À INSPEÇÃO

Os Programas I/M norte-americanos mais avançados incluem também testes complementares de estanqueidade do sistema de controle de emissão evaporativa, da tampa do bocal de abastecimento de combustível e do sistema de recirculação de gases do cárter, bem como uma verificação visual de eventual emissão de fumaça visível por esse sistema.

Os testes de estanqueidade baseiam-se na detecção de vazamentos por medição de vazão ou pela perda de pressão num intervalo de tempo de alguns minutos. Por isso, dependem da previsão e existência de tomadas de pressão para acesso aos sistemas, sem que a inspeção provoque defeitos ou seja apontada como causadora disso.

3.8. MEDIÇÕES POR SENSORIAMENTO REMOTO

A medição por sensoriamento remoto é uma ferramenta muito interessante e útil para o monitoramento dos veículos efetivamente em circulação. Por avaliar as concentrações dos gases do veículo em uso normal e à distância, evita a necessidade de se ter de levar o veículo a um centro de inspeção e inibe a possibilidade de preparação especial do veículo somente para a inspeção periódica. Esse procedimento tem a vantagem de monitorar a frota em condições reais de utilização, mais intensamente na parcela que trafega com maior frequência, podendo ser dirigido a condições especiais de carga do motor conforme a escolha do local da instalação do equipamento.

A Figura 7 mostra o sistema de medição de CO, HC, NOx, CO_2 e opacidade, instalado numa via de faixa única. Dois feixes luminosos, um de raios infravermelhos para a análise de CO, CO_2 e HC e outro de raios ultravioleta para a medição de NOx, são emitidos horizontalmente pelo equipamento e refletidos de volta por espelhos colocados do outro lado da via para incidir sobre quatro sensores dotados de filtros óticos característicos das bandas de absorção dos gases mencionados, tal como especificados nas conhecidas normas BAR, da Califórnia, EUA, para os equipamentos de inspeção de veículos em oficinas e centros de inspeção.

Esse sistema também fotografa e identifica as placas e possui dois feixes de luz adicionais que são cortados pelos pneus, o que permite a medição da velocidade e o cálculo da aceleração dos veículos para uma avaliação da potência do motor utilizada no momento da medição. Com tais informações é possível validar as condições das medições e excluir os casos em que possa haver situações de enriquecimento de plena carga, onde os motores deixam de funcionar em regimes controlados de emissão.

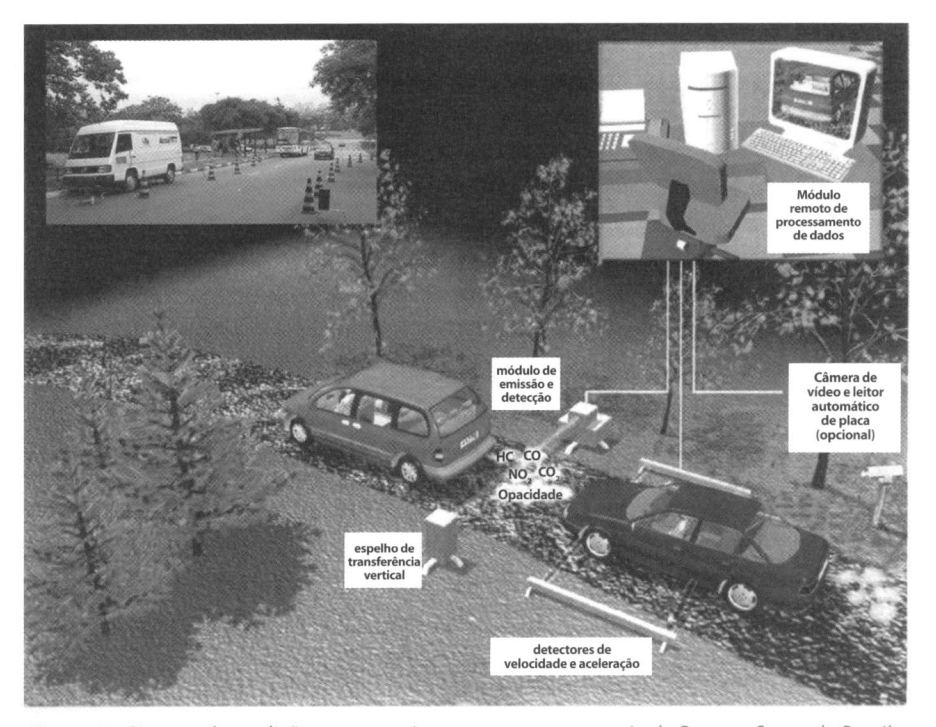

Figura 7 – Sistema de medição por sensoriamento remoto, cortesia da Remote Sense do Brasil.

Com uma capacidade de até 10 mil medições por dia, cada equipamento dá conta de um levantamento da situação da frota em uma dada região em campanhas de poucos dias, permitindo o acompanhamento dos efeitos do Programa I/M, auditando as inspeções realizadas nos centros, identificando os veículos mais poluidores para intimá-los a realizar a manutenção e proceder uma inspeção completa antes que decorra todo o período da inspeção anual obrigatória. Por outro lado, pode também ser utilizado para identificar os veículos que mantêm características de baixa emissão ao longo do ano para dispensá-los da inspeção periódica.

O sensoriamento remoto é, portanto, a ferramenta complementar imprescindível para desencorajar a prática da fraude *"ajustar para passar e reajustar depois"*.

Nesse sentido, já existem dados coletados em São Paulo suficientes para estabelecer os padrões de verificação aplicáveis ao sensoriamento remoto que identifiquem os veículos mais poluidores que necessitam de reparo urgente (*dirty screening*) e dos veículos que apresentam alta probabilidade de estarem isentos de desconformidade (*clean screening*). Entretanto, ainda não houve a necessária atenção dos órgãos ambientais para discutir a regulamentação desse método, cuja aplicação já é possível, como demonstrado pelos estudos já realizados, especialmente no município de São Paulo.

4

Tendências evolutivas dos programas de inspeção

Os Programas I/M tradicionalmente têm sido iniciados pelo ensaio em marcha lenta e marcha acelerada, por meio dos quais um grande número de defeitos pode ser identificado e corrigido, reduzindo significativamente o número de veículos de alta emissão (*gross emmiters*), assim caracterizados por apresentarem emissões muito acima do que é possível atingir pela tecnologia que possuem.

Com o aparecimento de fraudes para burlar a inspeção, novas abordagens são necessárias e com a evolução tecnológica dos veículos e equipamentos, novas técnicas de avaliação também são possíveis. Por isso, o I/M deve estar sempre em evolução para otimizar os recursos tecnológicos empregados nos veículos em favor do melhor controle de emissões. Além de tudo, o próprio efeito do I/M de educar a população, no sentido de promover a correta manutenção dos veículos, permite a eliminação inicial de defeitos mais grosseiros, evoluindo gradativamente para o estabelecimento de padrões de verificação mais próximos do ideal.

4.1. Programas avançados nos EUA – "enhanced I/M"

A filosofia prevalente nos EUA é a de medir emissões, por métodos mais expeditos que o utilizado para certificação de modelos pelos fabricantes (FTP-75) e correlacioná-los de modo estatístico. Obviamente, surgem erros que levam a falsas aprovações, que reduzem a eficiência do I/M, bem como a falsas reprovações, que podem ser contestadas por outro método igualmente "correlacionável".

Dessa forma, todos os procedimentos (TSI, ASM e IM-240) são ainda utilizados, dependendo da região e do modelo de veículo, podendo ser aplicados em conjunto para aumentar a capacidade de detecção de falhas na inspeção. Mesmo em regiões importantes como Washington, DC, o ensaio em marcha lenta e marcha acelerada ainda é o que prevalece, gradativamente complementado ou até substituído pelo OBD II em alguns casos. Embora introduzido nos EUA em 1996, o OBD II vem sendo aprimorado para evitar o apagamento dos códigos de falha e de prontidão, sendo mais confiável somente a partir dos veículos de modelos 2005 e seguintes. É preciso enfatizar que essa realidade ainda é muito diferente da realidade brasileira, como já comentado.

Para os veículos mais modernos, a tendência americana é utilizar o OBD II, porque os demais métodos tem se mostrado insuficientes, especialmente por causa de fraudes que levam a resultados falsos inclusive nos métodos mais sofisticados de ensaio. Adicionalmente, os ensaios de emissão feitos em poucos minutos e somente uma vez por ano possuem capacidade limitada de avaliação e estão sujeitos às fraudes do tipo *"ajustar para passar e reajustar depois"*, especialmente no TSI e no ASM, nos quais os defeitos de desempenho e dirigibilidade quase não aparecem. Por sua vez, o OBD II monitora o veículo constantemente e tem a oportunidade de identificar falhas de componentes e da combustão nas mais diversas condições de operação, inclusive na partida a frio, em regimes transitórios e em condições extremas de operação eventualmente praticadas pelo usuário.

4.2. Avanços do Programa I/M na Europa

Da mesma forma que nos EUA, os veículos europeus também foram dotados de tecnologias semelhantes e a inspeção de emissões sofreu evoluções.

Entretanto, na Comunidade Europeia (assim como no Brasil) o conceito da inspeção é diferente: considera-se que o I/M tem o objetivo de promover e assegurar que a **manutenção** seja adequada para preservar as condições e especificações originais e certificadas dos veículos, acreditando que a certificação de tipo garante o melhor compromisso ambiental possível para a época da sua fabricação.

Defeitos recorrentes estatisticamente em modelos específicos também podem indicar ações corretivas aos fabricantes ou alterações na própria regulamentação para veículos novos para o futuro. Assim, a inspeção inclui todas as avaliações visuais que possam indicar a existência de defeitos e falhas e, sempre que possível, pelo OBD.

O ensaio de emissão também visa identificar as falhas de regulagens e ajustes do motor, sendo indispensável e voltado aos regimes mais susceptíveis de as mesmas se manifestarem. Por isso, a correlação estatística de resultados pode ser qualitativa como identificador de defeitos, mesmo que indiretamente. Assim, o ensaio em marcha lenta, acrescido da capacidade para avaliar o ajuste automático da relação ar-combustível, é considerado satisfatório para os objetivos do Programa I/M. Nos casos em que o OBD estiver disponível, esse recurso também será utilizado como complemento.

No modelo americano, seguindo uma tendência que permeia a legislação ambiental nos EUA, há uma grande ênfase sobre o custo do benefício ambiental possível de ser obtido, para a busca da melhor alternativa de ensaio e abordagem. No modelo Europeu essa avaliação é realizada por meio da análise de custo-efetividade do método, ou seja, o que se ganha em efetividade na detecção de falhas com os aumentos de custo ditados por determinado aprimoramento do **método** para detectar as desconformidades do veículo com as suas especificações originais. A visão europeia se origina da sua longa experiência com a inspeção de segurança e que, a partir da década de 70, passou a incorporar a medição de emissão de poluentes.

4.3. Comparações das condições de carga nos ensaios de emissão

O ensaio brasileiro NBR 6601 (idêntico ao americano FTP-75), utilizado para caracterizar a emissão de poluentes em gramas por quilômetro percorrido na certificação de veículos leves novos, submete o veículo a um movimento definido pela sequência de velocidades e acelerações representativa do trânsito urbano médio, ilustrada na Figura 8.

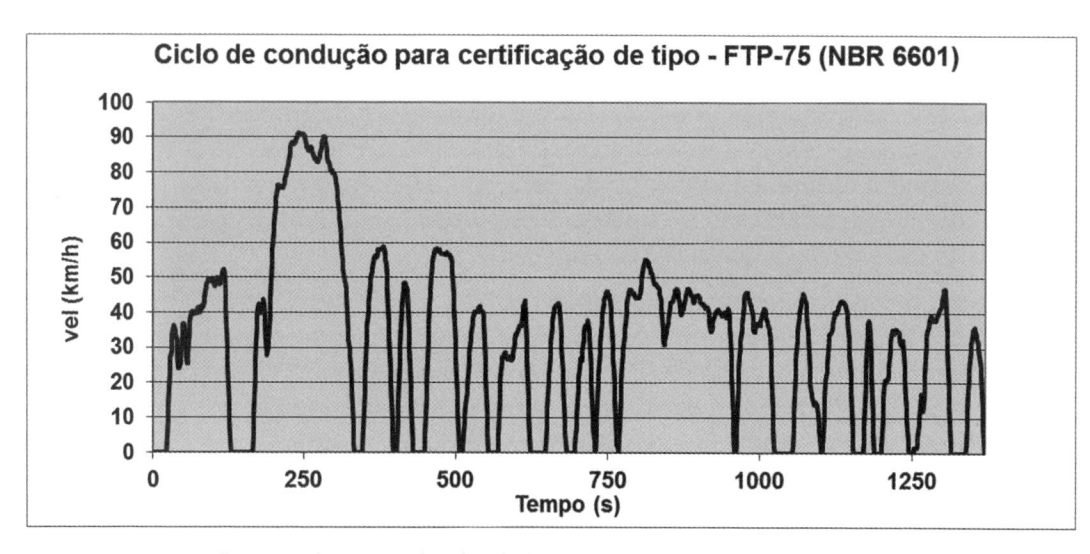

Figura 8 – Sequência de velocidades para o ensaio de emissão NBR 6601.

4: Veículos com motores proporcionalmente menores exigem torques e velocidades mais próximos dos máximos do motor, elevando os pontos marcados pelo ciclo em direção ao canto superior direito para produzirem as mesmas potências exigidas pelo movimento do veículo, trabalhando em condições termodinamicamente diferentes e, portanto, sob pressões, temperaturas, eficiências e condições de emissões totalmente diversas.

Nessas condições, o motor do veículo trabalha com torque e RPM variados que podem ser observados em um mapa de possibilidades do motor definido por um gráfico de pressão média efetiva (proporcional ao torque) versus velocidade angular. A Figura 9 mostra o caso de um veículo de 1.200 kg com motor de 1,5 litro, em que os pontos de ensaio correspondentes ao ciclo FTP-75 estão indicados em pontilhado. A escolha de dois desses pontos pode resultar em números equivalentes à medição no ciclo transitório, mas será muito difícil que as mesmas cargas (definidas em função da velocidade) sejam aplicadas a outro veículo e resultem na mesma correlação, especialmente se a sua relação peso--potência for diferente[4]. Este exemplo ilustra a dificuldade em estabelecer uma correlação efetiva entre os métodos ASM e FTP-75.

Analogamente, a medição em marcha lenta não guarda uma correlação que possa ser utilizada para a conversão dos seus resultados em valores dados em gramas por quilômetro percorrido, apesar de os pontos em marcha lenta representarem um terço dos pontos do ciclo FTP-75. Entretanto, para uma dada frota, pode ser esperada uma resposta desses ensaios como uma relação de consequência entre eles, definida estatisticamente por aumentos percentuais entre resultados obtidos com e sem conformidade, num e noutro ensaio, em veículos iguais. Em termos estatísticos, esta relação pode ser representativa das características de uma frota e variar para frotas de características diferentes. Em outras palavras, aumentos percentuais na emissão medida no ensaio TSI ou ASM, ou ainda por sensoriamento remoto, correspondem à percentagem semelhante de aumento no ensaio FTP-75.

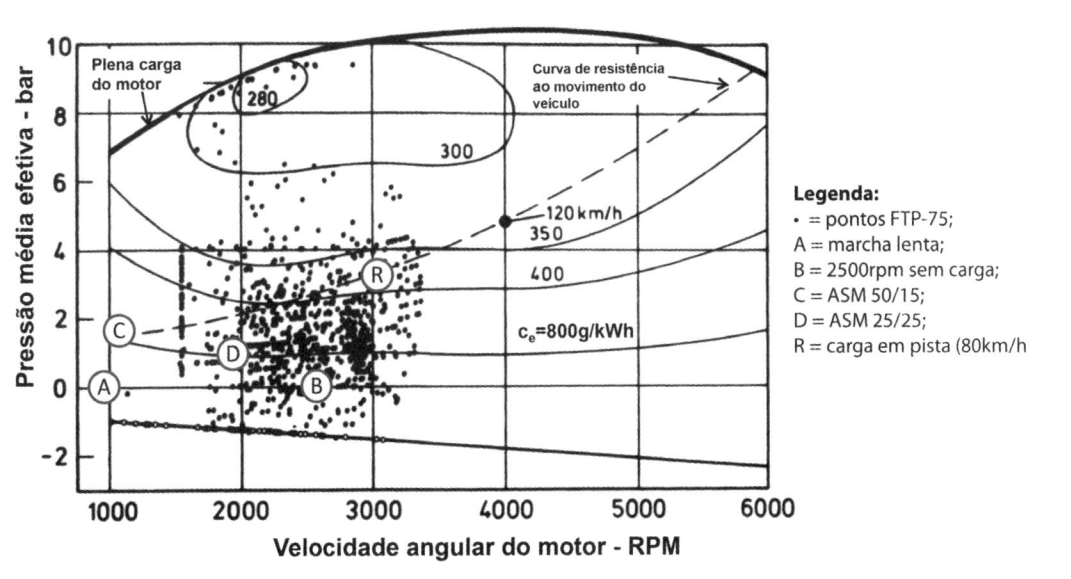

Figura 9 – Pontos do ensaio de emissão NBR 6601 sobre as curvas do motor[viii].

Esse aspecto determina que a aplicação dos métodos ASM e TSI deve ser precedida de estudos estatísticos para determinar os padrões de verificação indicativos da existência de desconformidades dos veículos contemplados pelo Programa I/M, relação esta que deve ser revista periodicamente para a aplicação aos novos veículos que entram em circulação.

4.4. Relevância da medição de NOx em veículos leves

Em um seminário internacional realizado em 2011 pelo consórcio que congrega os municípios do ABC paulista, os palestrantes estrangeiros, defensores do ensaio ASM como método adequado à identificação de falhas no controle da emissão de NOx, não souberam responder qual é a porcentagem de veículos reprovados exclusivamente por NOx dentre todos os reprovados pelo procedimento ASM. Esse fato coloca em xeque as teses em favor dos métodos de ensaio em dinamômetro e permite deduzir que o acréscimo de capacidade desses procedimentos para a detecção de falhas no controle de NOx é questionável quando esta é comparada ao que se consegue com as avaliações visuais e os ensaios em marcha lenta e marcha acelerada.

Do ponto de vista técnico, é importante enumerar as falhas e desconformidades principais relacionadas com o aumento da emissão de NOx:

- sonda de oxigênio e sistema eletrônico em circuito fechado – detectável pela medição de lambda, pelo ensaio de distúrbio provocado em marcha lenta e pelo OBD II;

- catalisador inoperante ou ausente – detectável pelos aumentos de CO e HC em marcha lenta e pelo OBD II;

- válvula EGR travada aberta – detectável pelo aumento de HC em marcha lenta e pelo OBD II;

- válvula EGR travada fechada ou com travamento intermitente – detectável pelo OBD II;

- sistema SCR inoperante, em motores diesel – detectável pelo OBD II.

Evidentemente, o ensaio ASM poderia vir a ser um complemento interessante ao Programa I/M brasileiro, mas não imprescindível para aplicação generalizada. A sua capacidade adicional de detecção de defeitos pode ser especialmente interessante para complementar as reinspeções de modo a evitar as fraudes propositais, induzidas pela recorrência de reprovações, que comprometam a dirigibilidade (que podem ser detectadas sob carga), para a inspeção de veículos identificados por sensoriamento remoto com alta emissão de NOx e para os usuários reclamantes que queiram um ensaio mais aprofundado. Há que se considerar, nesse caso, a necessidade de desenvolvimento de padrões de verificação específicos para todos os veículos submetidos ao ensaio ASM, bem como investimentos e treinamento específico por parte da infraestrutura de inspeção e da indústria de reparação com os equipamentos. Além desses casos, os veículos a diesel são os que ainda não possuem OBD e cujos motores eletrônicos inibem a injeção na condição de aceleração livre, encobrindo as falhas do motor funcionando sob carga.

O ensaio ASM é especialmente válido para os veículos leves a diesel. Para os veículos pesados, há que considerar cuidadosamente a viabilidade desse procedimento ser aplicado, por causa das forças que estes fazem nas condições necessárias à sua avaliação.

Adicionalmente, o inventário de fontes móveis caracteriza os veículos pesados a diesel como os principais emissores de NOx, sendo os veículos leves do ciclo Otto responsáveis por pouco mais de 10% do total. Portanto, em termos ambientais, a medição de NOx não é relevante nas inspeções de veículos leves do ciclo Otto e pode ser considerada como de menor prioridade.

A inspeção voltada ao controle de NOx deve priorizar os veículos diesel, para que o efeito do I/M sobre a emissão deste poluente seja significativo. Entretanto, os veículos Diesel possuem controles de NOx apenas por meio da calibração do motor; os dispositivos de redução como EGR e catalisadores SCR entraram em uso apenas em 2012, restando aos veículos produzidos em anos anteriores a necessidade de avaliação da calibração do motor. Deve ser dada prioridade à aplicação do OBD aos veículos Diesel dotados de controle eletrônico para a sua avaliação, pois estes são praticamente os únicos sujeitos a desconformidades importantes, detectáveis e corrigíveis por esse método.

5

O Programa I/M brasileiro

A filosofia europeia para Programas I/M foi incorporada no Brasil desde o início do PROCONVE, em 1986, como mencionado anteriormente, visando a recuperação dos benefícios ambientais propiciados pela tecnologia embarcada, que tenham sido perdidos pela manutenção inadequada, bem como gerar e consolidar uma cultura de manutenção preventiva dos veículos por parte de seus proprietários e reparadores.

O CONAMA tem estabelecido as referências nacionais para inspeção veicular desde 1993, pautadas na aplicação dos métodos básicos para a implantação do I/M em nível nacional. As avaliações dos veículos Otto pela emissão de CO e HC em marcha lenta e dos Diesel pela opacidade em aceleração livre constituem um excelente ponto de partida para a implantação do I/M e assim deve ser mantido para todos os Estados e regiões que decidam implantá-lo.

A partir dos seus primeiros resultados, especialmente no que diz respeito ao aculturamento da sociedade, tem sido possível aprimorar os métodos e padrões de verificação para otimizar o Programa em consonância com a viabilidade de aplicação de novas exigências, coerentes com as especificações certificadas para os modelos já produzidos e adaptadas às possibilidades da rede de reparação. Tais evoluções devem ser desenvolvidas no seu devido tempo e com a necessária cautela para equacionar todos os aspectos de procedimento e evitar complicações e custos desnecessários ou exigências que reprovem a frota em níveis não suportáveis pela população. Esse processo deve ser sempre gradativo para permitir que a sociedade se adapte e adquira o conhecimento necessário para entender e tomar as providências necessárias de maneira acertada, cumprindo assim os objetivos do Programa.

O equacionamento dessas evoluções nas cidades do Rio de Janeiro e de São Paulo levará o CONAMA a definir estágios mais avançados do Programa para as regiões que necessitarem maior rigor na inspeção, como ocorre com as definições do "enhanced I/M" nos EUA. A partir desses procedimentos mais aprimorados, cada Estado que necessitar medidas de gestão adicionais, ou mesmo mais restritivas, poderá adotar os procedimentos avançados de acordo com as peculiaridades locais ou regionais, sempre em consonância com as determinações do CONAMA para manter a uniformidade nacional do Programa I/M.

Como primeiro passo nessa evolução, a Resolução nº 418/2009 do CONAMA atualizou o Programa I/M mediante a revisão de alguns padrões de verificação, de automóveis, chamados de "limites de emissão" nesta regulamentação, para evitar a aprovação indevida de veículos com falhas tão graves como a falta do conversor catalítico e o estendeu para os motociclos, de acordo com as estatísticas dos resultados obtidos nos primeiros anos de operação. Numa segunda revisão, os índices propostos para motociclos fabricados a partir de 2009 foram rediscutidos, visto que os aprovados por aquela Resolução reprovariam a maioria da frota circulante desses modelos.

Para essa finalidade, os níveis de emissão medidos nos veículos em uso são agrupados por classe, tipo, padrão tecnológico e idade dos veículos e tratados estatisticamente para se identificar os níveis considerados "normais" para cada grupo (atendidos com facilidade pela maioria, no método de ensaio adotado para inspeção). Dessa forma, escolhem-se valores nitidamente acima desses como padrões de referência para o I/M (reprovando a minoria que apresenta valores injustificáveis, visto que muitos veículos idênticos apresentam emissões bem menores). A Figura 10 apresenta o comportamento estatístico das emissões de CO dos veículos a gasolina medidos em São Paulo, agrupados por fase do PROCONVE.

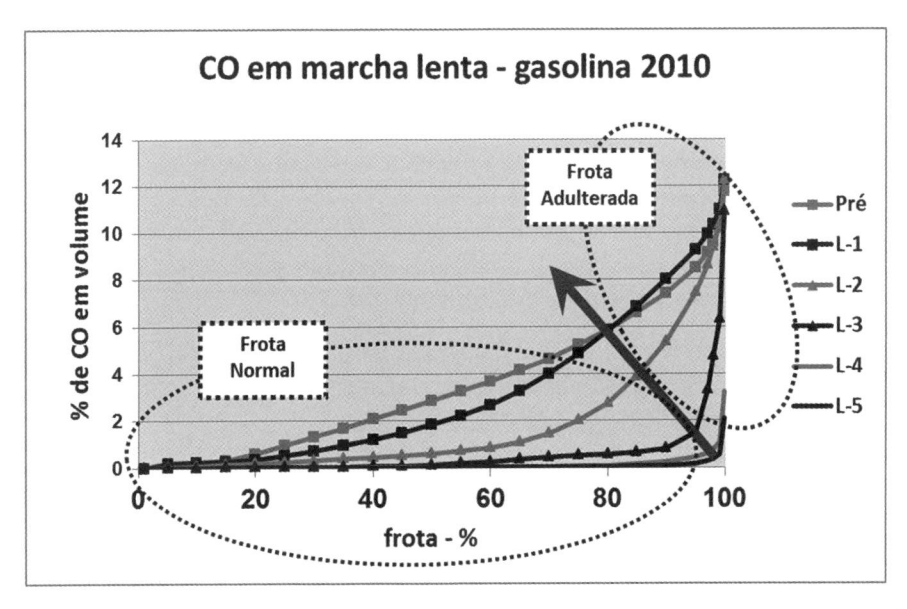

Figura 10 – Identificação de limites viáveis para a inspeção veicular.

A partir de um valor nitidamente identificado para os veículos mais novos, a seta inclinada (ortogonal às curvas mais baixas nos percentis de 95% a 99%) indica os valores mais plausíveis para as demais tecnologias, de uma forma equilibrada entre restrição tecnológica e benefício ambiental. A escolha dos padrões de verificação, porém, deve ser feita de forma a manter uma proporção não exagerada de reprovação de cada grupo, para não inviabilizar o Programa junto à sociedade e dar margem suficiente para o desgaste natural e aceitável dos veículos. À medida que a rede de reparação e a população conseguirem melhores resultados, essas curvas se modificam e novas revisões serão possíveis, até que sejam atingidos valores mais próximos aos efetivamente certificados quando esses mesmos veículos eram novos.

Portanto, esse método para a determinação de limites práticos contempla efetivamente as características asseguradas pelo processo de certificação dos veículos novos e inclui uma tolerância suficiente para as variações advindas dos combustíveis comerciais, temperatura ambiente e outras variáveis não controladas. Nesse processo, a eventual existência de discrepâncias em alguns modelos pode identificar a ocorrência de falhas não evidenciadas na certificação que poderão gerar orientações específicas dos fabricantes à rede de reparação ou, caso tais falhas sejam devidas a problemas de fabricação, poderão ser objeto de recolhimento para correção pelo fabricante ou, pelo menos, orientar o IBAMA para aprimorar as futuras exigências do PROCONVE.

Com esses critérios, o I/M busca o maior grau de conformidade da frota com as suas especificações originais, cuja certificação determinou o melhor compromisso entre a tecnologia disponível na época da fabricação dos veículos e os ganhos ambientais, sendo desnecessário um estudo de custo-benefício ambiental para a inspeção, visto que este Programa visa apenas a recuperação dos benefícios ambientais já propiciados pela tecnologia embarcada que tenham sido perdidos pela manutenção inadequada de uma minoria dos veículos em uso.

Outras revisões virão em sequência para a evolução do I/M nacional e a previsão de métodos complementares aos atuais. Nesse sentido, já é possível estabelecer algumas prioridades:

- a implantação da inspeção por OBD para os veículos leves e pesados dotados desse sistema, especialmente os devidamente protegidos contra violações;

- levantamento estatístico dos valores de O_2 e lambda nos veículos dotados de sistemas eletrônicos de malha fechada, ou seja, fabricados a partir de 1997;

- a definição do ensaio de desequilíbrio da dosagem de combustível para estudos e análise de casos objetivando verificar o funcionamento dos sistemas eletrônicos de malha fechada para os veículos fabricados desde 1997 e

- a implantação da medição por sensoriamento remoto para a fiscalização da prática da reparação fraudulenta do tipo *"ajustar para passar e reajustar depois"*.

Além destas, pode-se prever a oportunidade de um estudo para a aplicação de métodos de medição sob carga (ASM ou IM-240) para veículos leves a diesel e os demais nos casos de reinspeção recorrente, alta emissão de NOx detectada por sensoriamento remoto e suspeitas de fraudes.

5.1. Medição de oxigênio e ensaio de desequilíbrio de lambda

Todos os veículos fabricados no Brasil a partir de 1997 e alguns modelos anteriores possuem injeção eletrônica e conversor catalítico de triplo efeito. Esses sistemas baseiam-se na necessidade de esse conversor processar gases resultantes de uma queima com dosagem perfeita e dentro de uma tolerância somente atingível por controle eletrônico com realimentação de sinais medidos por uma sonda de oxigênio no escapamento. Portanto, a forma mais ampla e prática de verificação de seu funcionamento é medir os valores de lambda durante a inspeção e, se pertinente, provocar um desequilíbrio proposital na relação ar-combustível e avaliar a sua capacidade de retorno à mistura estequiométrica.

Assim, o uso experimental e em casos particulares do procedimento europeu desenvolvido para essa finalidade e descrito no item 3.2 pode contribuir para aprimorar o Programa I/M brasileiro para a grande maioria da frota circulante, visto que todos os veículos leves de menos de 14 anos possuem esse sistema.

5.2. Implantação do sensoriamento remoto

A implantação da medição por sensoriamento remoto constitui a ferramenta mais eficaz para a fiscalização da frota circulante quanto à prática da reparação fraudulenta do tipo *"ajustar para passar e reajustar depois"*. Embora não seja uma prática que normalmente seja utilizada em larga escala, é um fator que pode desacreditar o I/M na medida em que informações sobre sua ocorrência se propagam facilmente e podem induzir mais pessoas a utilizá-la.

O sensoriamento remoto permite que veículos em desconformidade sejam flagrados se o tempo decorrido da última inspeção aprovada for breve, indicando a necessidade de reparos e inspeção antecipada se o veículo ainda estiver antes do prazo para a inspeção anual ou ainda identificar veículos no prazo legal para a sua inspeção que tenham sido avaliados mais de uma vez em condições indubitavelmente favoráveis à sua aprovação.

Com base em mais de dois milhões de avaliações por sensoriamento remoto, a frota de São Paulo já permitiu uma correlação entre os resultados obtidos nas inspeções pelo ensaio em marcha lenta e por sensoriamento remoto a partir dos veículos que passaram pelos dois procedimentos em intervalos inferiores a 30 dias (período no qual a correlação é estatisticamente demonstrada), sendo possível estabelecer dois conjuntos de padrões de verificação, um para identificar os veículos em conformidade e outro para identificar os veículos de emissão acima do normal.

Portanto, com base nessas informações, é possível estabelecer regras operacionais confiáveis para a implantação do sensoriamento remoto para o monitoramento dos resultados do I/M, a comprovação dos efeitos da indução da "cultura da melhor manutenção" e duração dos seus efeitos na frota em geral e a identificação de fraudes realizadas a fim de obter a aprovação do veículo na inspeção por artifícios na regulagem do motor, por aluguel de conversores catalíticos e outros.

5.3. Inspeção por OBD

Todos os veículos fabricados a partir de 2011 possuem OBD Br2, equivalente ao OBD II norte-americano, e poderão ter sua inspeção complementada pela análise desse sistema, como ponto de partida da implantação desse procedimento. Além destes, outros modelos também podem ser incluídos desde que tenham o sistema normatizado, bem como os dotados de OBD Br1 cuja fabricação foi iniciada em 2007 e generalizada em 2009, entretanto estes não informam códigos referentes às falhas de combustão e do catalisador.

Para a inclusão desse procedimento é necessária a divulgação das informações relativas a cada veículo conforme solicitado aos fabricantes pela Instrução Normativa IBAMA 06/2010 (posição do conector etc.) para a instrução do banco de dados e do software do I/M e um período de treinamento para a familiarização das equipes de inspetores com essa técnica, os ajustes do software para a aquisição dos dados da inspeção etc.

De modo complementar, sugere-se a avaliação de equipamentos alternativos de baixo custo e aplicação simples para a leitura das informações do OBD que indicam apenas a condição de aprovado/reprovado existentes no mercado internacional.

6

Eficácia do I/M

A eficácia do I/M depende de uma complexa inter-relação entre diversos fatores, sendo mais relevantes os seguintes:

- perfil e significância da frota-alvo para a poluição do ar;
- características e qualidade dos combustíveis utilizados;
- estado geral de manutenção da frota;
- preços dos serviços de manutenção e de peças e componentes de reposição;
- capacitação da indústria de reparação;
- parcela da frota efetivamente inspecionada em relação à frota total;
- adequação dos padrões de verificação às necessidades do I/M;
- utilização de procedimentos de teste representativos e confiáveis;
- utilização de instrumentos e equipamentos de teste precisos, calibrados;
- índices de conformidade atingidos;
- aceitação do I/M pela população.

Como se pode ver, é um quadro intrincado que precisa ser permanentemente monitorado e analisado a fim de que a dinâmica das causas e resultados ofereça informações robustas para a retroalimentação do programa e sua melhoria contínua.

Os gestores do I/M devem ter em mente que se trata de um programa que precisa ter forte adesão da sociedade para ser bem-sucedido e, portanto, a qualidade no atendimento e na execução dos serviços de inspeção é fundamental. Justamente por isso é preciso dar atenção especial à comunicação social, justificando tecnicamente a necessidade do I/M, divulgando as características e objetivos do Programa e apresentando periodicamente os resultados obtidos, os quais ajudarão a sociedade a encontrar as soluções mais adequadas aos problemas de manutenção e aprovação dos seus veículos.

Uma dificuldade que os gestores do I/M enfrentam é traduzir, em linguagem de fácil compreensão, os benefícios ambientais resultantes do programa. Uma alternativa interessante, que vem sendo utilizada no I/M-SP, é a modelagem dos resultados observados anualmente e a sua quantificação em termos das percentagens de redução das emissões das frotas inspecionadas, que são expressas em números equivalentes de veículos da frota que, se retirados de circulação, produziriam efeito ambiental[ix] semelhante. Outra forma de se traduzir o benefício público, que também vem sendo utilizada no I/M-SP é precificar os prejuízos sociais e ambientais e, também, estimar o número de internações médicas e mortes prematuras evitadas.

7

Comentários Finais

Acompanhando as discussões promovidas no CONAMA e em seminários sobre o I/M, observa-se que muitos posicionamentos sobre o assunto carecem de profundidade nas análises do problema, sendo que a maioria das pessoas envolvidas desconhecem os reais objetivos do I/M, discutidos neste trabalho, confundindo-os com os dos programas de controle de emissão em veículos novos (PROCONVE, PROMOT e Programa de Controle de Ruído Veicular), que são focados no desenvolvimento tecnológico do veículo e, também, na melhoria da qualidade dos combustíveis.

Diante do exposto, recomenda-se que o desenvolvimento do I/M brasileiro continue baseado nas diretrizes atuais, mantendo os procedimentos de medição de CO e HC em marcha lenta e marcha acelerada para os motores Otto e da medição de opacidade em aceleração livre para os motores diesel, para as etapas iniciais de implantação, evoluindo-as para a sua complementação com procedimentos internacionais de eficácia comprovada, compatíveis com a realidade brasileira. Também se propõe que a fiscalização dos veículos em circulação utilize sistemas de sensoriamento remoto, além dos métodos tradicionais de inspeção nas vias de tráfego.

Assim, é importante que os gestores de I/M estaduais e regionais tenham em vista os seguintes pontos:

1. o foco principal do I/M é verificar a conformidade dos veículos com as suas especificações originais e não simplesmente a medição da emissão; esta é apenas um indicador de desconformidade, quando resulta acima da normalidade do modelo do veículo avaliado;

2. a melhoria de capacidade do I/M para a detecção de desconformidades relativas ao controle de NOx deve ser buscada por meio da introdução da análise por OBD e, em casos especiais, do ensaio complementar de lambda e de distúrbio provocado na relação ar-combustível em marcha lenta, bem como, poderá ser complementada pela avaliação em campo por sensoriamento remoto.

3. a aplicação de ensaios realizados em dinamômetro pode ser interessante para aprimorar a avaliação dos veículos diesel, especialmente os leves, bem como para a pequena parcela de reinspeções de veículos recorrentes e de usuários descontentes com o ensaio em marcha lenta;

4. a maior fonte de NOx não é o veículo leve, portanto a preocupação com essa emissão deve ser priorizada para os veículos pesados, especialmente os da fase P7, para os quais deve ser definido um procedimento específico de inspeção;

5. o modelo básico e os critérios de inspeção adotados para o I/M devem ser únicos para o país inteiro, permitindo-se restrições adicionais nas regiões onde isso for justificado ambientalmente;

6. a medição por sensoriamento remoto é um complemento importante e já conhecido no Brasil, que deve ser regulamentado com urgência para fiscalizar aleatoriamente, levantar o estado real da frota circulante, avaliar a evasão do Programa e auditar os centros de inspeção.

Referências

[i] Zanardi Jr., Volney – Relatório sobre a Revisão da Resolução nº 418/2009 – Limites máximos de emissão de CO corrigido, HC corrigido em marcha lenta para motociclos e veículos similares – MMA – Out/2011.

[ii] Branco, G.M.; Branco, F.C.; Szwarc, A. – *Monitoramento de Emissões Veiculares por Sensoriamento Remoto e sua Correlação com Medições nos Centros de Inspeção* – São Paulo, Fev/2012.

[iii] BMW Service Information – AU-Störluftventile Lambdaregelung.

[iv]: http://www.aa1car.com/library/ic10224.htm.

[v] Allen Lyons; Michael McCarthy – *Transitioning Away from Smog Check Tailpipe Emission Testing in California for OBD II Equipped Vehicles*; Mobile Source Control Division of California Air Resources Board; 2009

[vi] European Commision – IDELSY – Initiative for Diagnosis of Electronic Systems in Motor Vehicles for Periodic Technical Inspection – 2005

[vii] EPA – Pidgeon, W. M.; Sampson, D. J.; Burbage IV, P.H.; Landman, L.C.; Clemmens, W.B.; Herzog, E.; Brzezinski, D.J.; Sosnowski, D. – *Evaluation of a Four-Mode Steady-State Test with Acceleration Simulation Modes as an Alternative Inspection and Maintenance Test for Enhanced I/M Programs* – 1993.

[viii] Figura adaptada de *Curso de Motores de Combustão Interna,* – Pischinger, F. Vol. 2 – Universidade Técnica de Aachen – Alemanha.

[ix] Branco, G. M.; Croce, W.; Branco, F. C.; Szwarc, A.; Napoleone, J. M.; *Critérios de Avaliação da Eficácia do Programa de Inspeção Veicular*, SIMEA, Set. 2012.